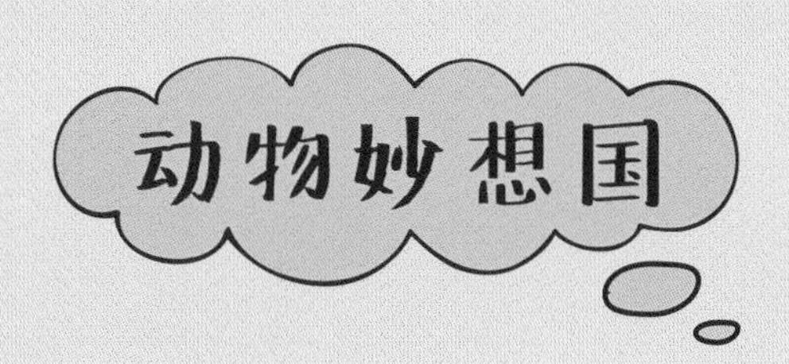

考拉会弹吉他吗？

海豚科学馆 / 著　　江玉娜 / 绘

新 星 出 版 社　NEW STAR PRESS

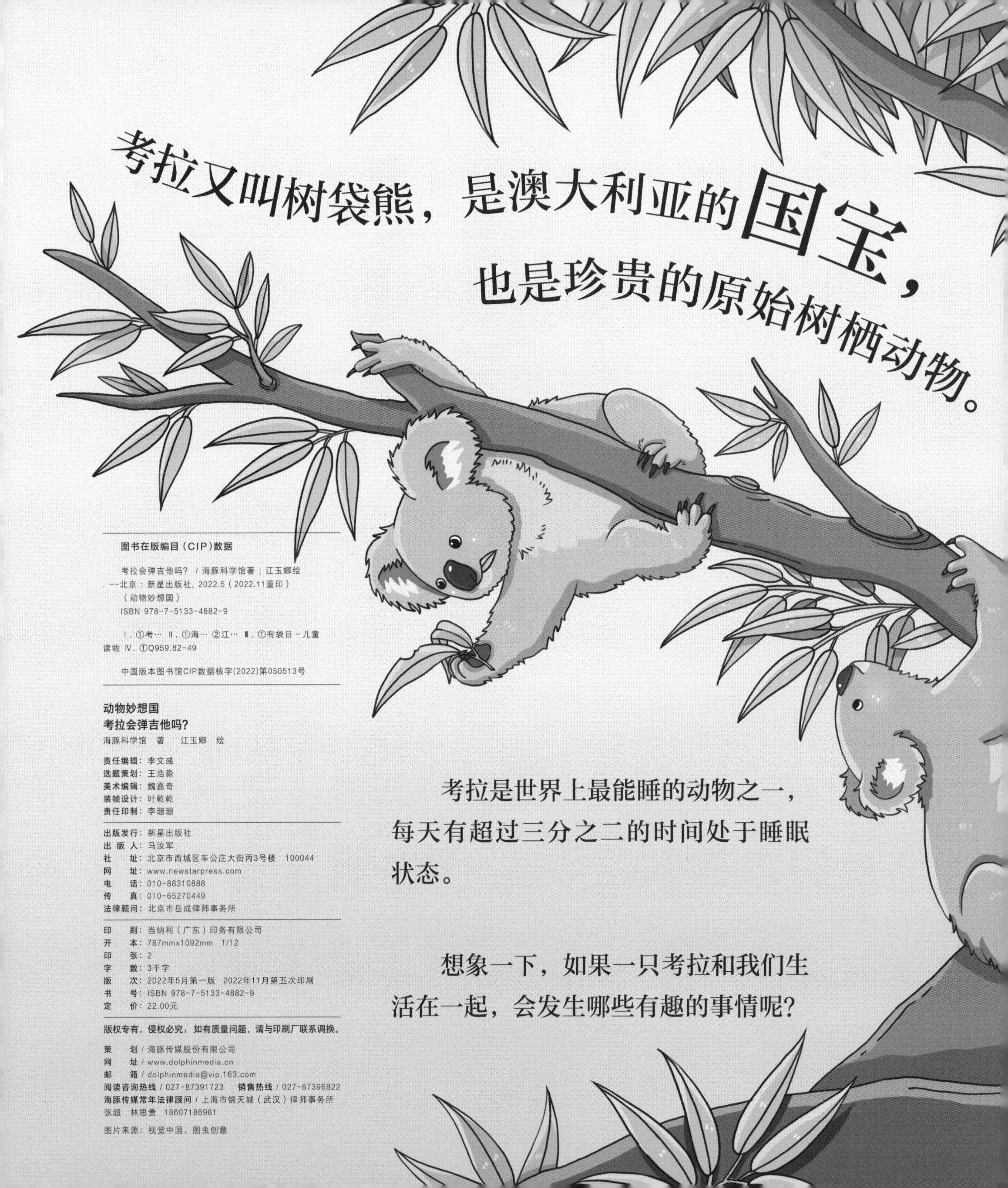

考拉又叫树袋熊，是澳大利亚的**国宝**，也是珍贵的原始树栖动物。

图书在版编目（CIP）数据

考拉会弹吉他吗？ / 海豚科学馆著；江玉娜绘
. --北京：新星出版社，2022.5（2022.11重印）
（动物妙想国）
ISBN 978-7-5133-4882-9

Ⅰ. ①考… Ⅱ. ①海… ②江… Ⅲ. ①有袋目－儿童读物 Ⅳ. ①Q959.82-49

中国版本图书馆CIP数据核字(2022)第050513号

动物妙想国
考拉会弹吉他吗？
海豚科学馆 著 江玉娜 绘

责任编辑：李文彧
选题策划：王浩淼
美术编辑：魏嘉奇
装帧设计：叶乾乾
责任印制：李珊珊

出版发行：新星出版社
出 版 人：马汝军
社　　址：北京市西城区车公庄大街丙3号楼　100044
网　　址：www.newstarpress.com
电　　话：010-88310888
传　　真：010-65270449
法律顾问：北京市岳成律师事务所

印　　刷：当纳利（广东）印务有限公司
开　　本：787mmx1092mm　1/12
印　　张：2
字　　数：3千字
版　　次：2022年5月第一版　2022年11月第五次印刷
书　　号：ISBN 978-7-5133-4882-9
定　　价：22.00元

策　　划 / 海豚传媒股份有限公司
网　　址 / www.dolphinmedia.cn
邮　　箱 / dolphinmedia@vip.163.com
阅读咨询热线 / 027-87391723　　销售热线 / 027-87396822
海豚传媒常年法律顾问 / 上海市锦天城（武汉）律师事务所
张超　林思贵　18607186981

图片来源：视觉中国、图虫创意

考拉是世界上最能睡的动物之一，每天有超过三分之二的时间处于睡眠状态。

想象一下，如果一只考拉和我们生活在一起，会发生哪些有趣的事情呢？

考拉主要生活在澳大利亚东部沿海等地。

考拉会弹吉他吗？

考拉学任何一门技艺都**非常难！**

如果去学弹吉他，他永远都弹不出一首完整的曲子。

他的每节课都会和第一节课一样陌生，因为他根本记不住老师讲了什么。

考拉是一种**呆呆**的动物，他的**脑容量**非常小，是大脑占体重比例最小的哺乳动物之一。

如果考拉观看拳击比赛，会发生什么？

作为一个**和平爱好者**，当比赛进行到激烈之处时，考拉很有可能从裁判手中抢过哨子，中止比赛。

其他物种入侵时，考拉的

考拉**生性温和，**不喜欢冲突，
不会对其他动物构成威胁。

第一反应也是赶紧**爬到树上躲避。**

考拉喜欢逛玩具店吗？
超级喜欢！
考拉会看到好多和自己一样可爱的玩偶考拉！
考拉有一身厚厚软软的短毛，
和橱窗里的毛绒玩偶简直没有什么两样。

考拉憨态可掬，性情温和，

只要有他出现的玩具店，生意都很火爆！

如果把零食放在考拉的育儿袋，
会发生什么？
考拉的育儿袋在腹部下，并且开口朝下。

糖果、坚果、巧克力……都会哗啦啦地掉下来。

考拉宝宝能在**育儿袋**里生存，是因为他们紧紧抓住了妈妈的身体，才能不掉出来。

如果考拉做形象代言人，会发生什么？

他的排场肯定特别大，

“粉丝”超级多！

身为澳大利亚的国宝，考拉以一种“万人迷”的姿态征服了全世界。

他是澳大利亚广受欢迎的旅游形象大使。

考拉的形象还被铸在了铂金纪念币上。

考拉会早起锻炼身体吗?
绝对不会!
能躺着绝不站着，是考拉的行为准则。
作为世界上最能睡的动物之一，
起早对于考拉来说真是难于上青天!

考拉每天睡**18个小时**左右，剩下的时间用来采食，活动，与同类交流。考拉是夜行动物，白天就用来呼呼大睡。

如果考拉饿了，他会吃什么呢？

你只需要给他准备**一大碗叶子沙拉**就可以了。

考拉是有名的**挑食大王**，他只吃桉树叶。即使是桉树叶，他也要挑挑拣拣，几百种叶子中，他想吃的仅有十几种。

在碗底藏几块砾石作为“**餐后甜点**”，会让考拉感到惊喜。砾石能帮助考拉消化。

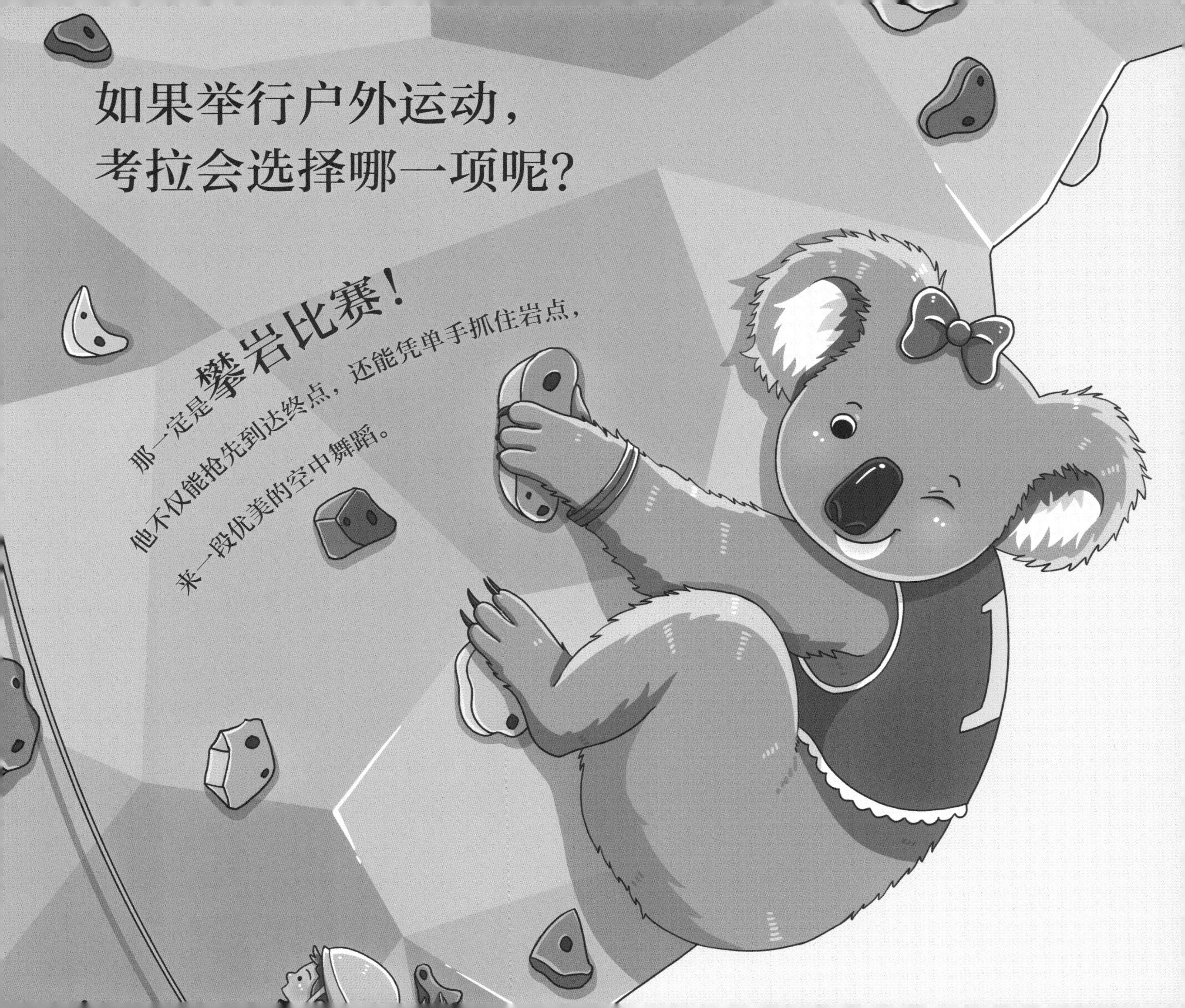

如果举行户外运动，
考拉会选择哪一项呢？

那一定是攀岩比赛！
他不仅能抢先到达终点，还能凭单手抓住岩点，
来一段优美的空中舞蹈。

考拉的攀爬能力很强！他的

前爪锋利，

手指灵活，

爬树非常快。

由于长期在树上生活，考拉的平衡性极好，即使在树上睡着了，他也不会轻易掉下来。

如果考拉去工作，会选择什么职业呢？

他会是一名优秀的**香水鉴定师。**

考拉的**嗅觉**非常灵敏。他能通过鼻子分辨不同种类的桉树叶，甚至能判断叶子里毒素含量的高低。

考拉还可以通过嗅觉来分辨同类的性别、判断周围的环境，只要是感兴趣的东西，他都会凑上去闻一闻。

更多关于考拉的信息

考拉被誉为“世界上最可爱的动物”之一，我们常常用“呆萌”来形容他。关于考拉的小知识，你了解多少？

知识档案

考拉虽然又叫树袋熊，但他们并不是熊家族的成员，而是属于有袋目。

考拉在地球上已经生活了至少1500万年。

经过对考拉指纹的大规模采集，人们惊奇地发现，考拉有着和人类几乎完全相似的指纹。

考拉日常所吃的桉树叶是有毒的，但考拉的肝脏能分离其中的毒性物质。

人类活动、森林山火等是威胁考拉生存的主要因素。

考拉很少喝水，他们可从桉树叶中获取需要的水分。

明 信 片

亲爱的朋友们，和大家相处的日子真是开心，我经历了和之前完全不一样的精彩生活。不过，我还是最喜欢待在树上，抱着树枝，惬意地睡大觉。好了，才写了几句话，我又困了，必须得补觉啦！期待下次和你们见面！

爱你哟！
考　拉

中国
XX省　XX市XX路XXX
XXX小朋友　收
邮政编码：XXXXXX